AF224711

PROMENADE

DANS

L'ISTHME DE SUEZ

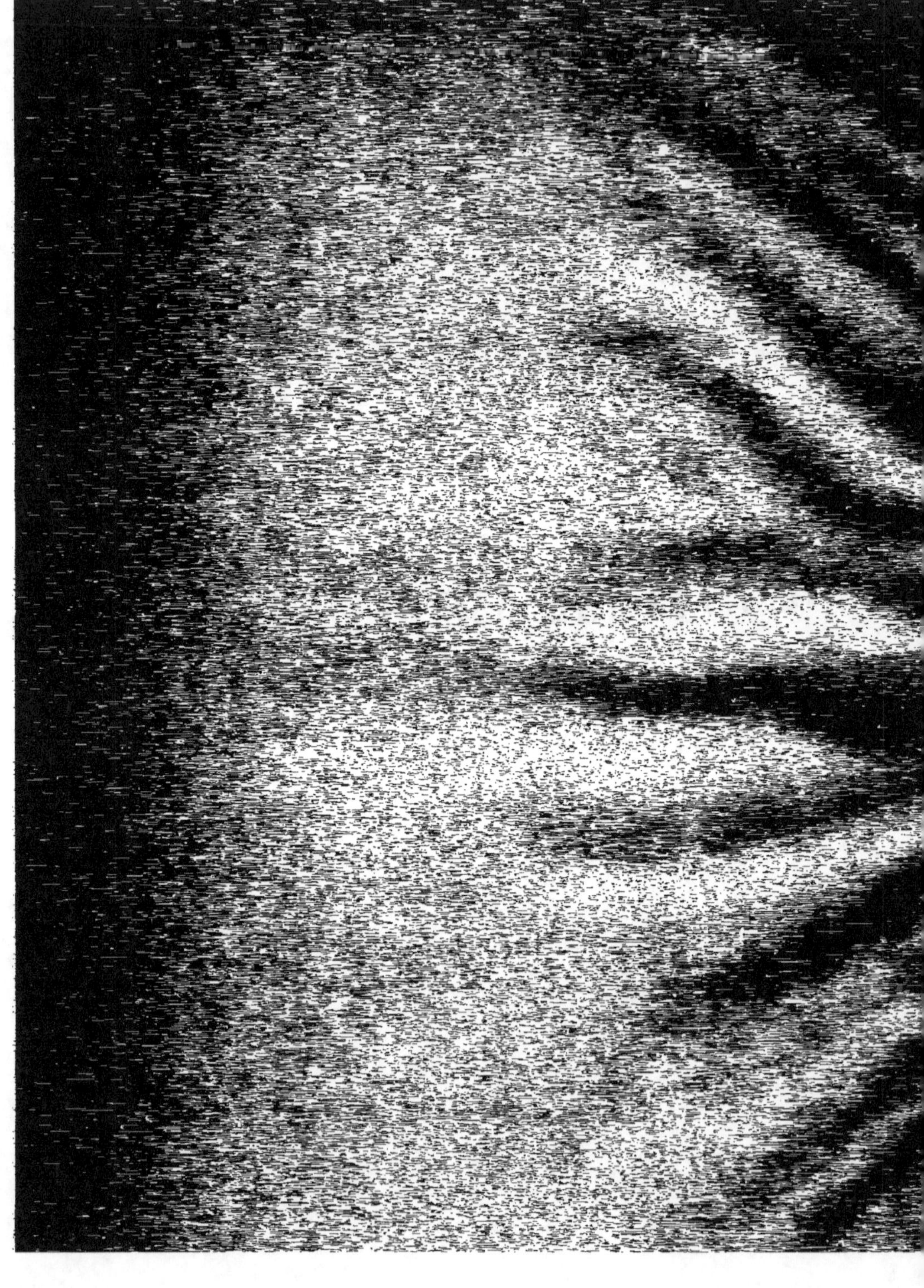

ISTHME DE SUEZ

PROMENADE

DANS

L'ISTHME DE SUEZ

Par M. Casimir LECONTE.

Le projet conçu depuis une dizaine d'années pour le percement de l'isthme de Suez, après avoir été si longtemps un sujet de chicanes et de tracasseries politiques, est redevenu ce qu'il était par sa nature et ce qu'il aurait dû rester, une affaire purement industrielle. Maintenant que le procès international est vidé par l'heureux arbitrage de l'Empereur, on doit espérer que rien ne viendra plus troubler la Compagnie dans la poursuite et l'accomplissement de sa tâche. Mais que faut-il penser de l'entreprise en elle-même? A quel degré d'avancement sont parvenus les travaux? Dans quel terme précis est-il permis de prévoir et d'annoncer l'achèvement de cette œuvre gigantesque? Jusqu'à présent, la curiosité publique ne pouvait chercher la réponse à ces questions que dans les rapports et les comptes rendus de la Compagnie. Aujourd'hui, nous avons quelque chose de plus que ces renseignements officiels : nous avons l'opinion d'un juge impartial et désintéressé, d'un témoin oculaire qui vient de recueillir et de publier ses impressions dans une brochure intitulée : *Promenade dans l'isthme de Suez.* Ce petit écrit est la relation d'un voyage que l'auteur, M. Casimir Leconte, a fait en Égypte, au mois de janvier dernier, sans autre mission que celle qu'il s'était donnée lui-même, sans autre but que de s'enquérir et de se renseigner *de visu* sur la marche, les progrès, les résultats acquis et le succès définitif de l'entreprise. C'est assez dire que notre honorable compatriote n'a pas fait sa promenade au désert pour courir les aventures et chercher des impressions romantiques; il avait d'autres instincts et d'autres visées; il voulait faire une enquête et en rapporter le résultat au public; il a donc tout vu, tout observé, tout contrôlé, tout jugé sans prévention et sans parti pris, dans la pleine indépendance, avec tout le sang-froid et toute l'autorité d'une raison fortifiée par l'expérience et mûrie de longue date à

l'école des grandes affaires industrielles. On se trom-
perait pourtant si l'on s'attendait à ne trouver dans
ce petit volume que le résultat brut, le procès-verbal
tout sec et décoloré d'une expertise. M. Casimir Leconte, qui est un voyageur infatigable, et qui a passé
sa vie sur les grandes routes et les chemins de fer,
sait conter aussi bien qu'il sait observer et juger.
Sans jamais perdre le fil de son récit technique, il
sait garder le ton d'une causerie aimable et gracieuse,
où la fantaisie parisienne prend son vol et fait l'école
buissonnière à travers les souvenirs, les aventures,
les scènes variées, les physionomies originales, les
mille curiosités du désert, les aperçus fins et piquants
sur les hommes et les choses. Parmi les types les plus
pittoresques et les plus saillants de cette galerie, nous
signalons en première ligne *la Gazelle*, qui n'a pas
son pendant à la Ménagerie du Jardin des plantes,
ni même au Jardin zoologique d'acclimatation.

Notre voyageur aime les digressions; mais toutes
celles qu'il se permet sont à leur place; elles ont
toutes leur à-propos. Rien de plus caractéristique en ce
genre que le chapitre sur les voies de communication
en Égypte, sur les abus et les vices de l'administration
turque, qui est là, nous dit l'auteur, ce qu'elle est
dans tout l'Orient, une exploitation souvent brutale,

toujours cauteleuse, de l'intérêt général au profit des intérêts particuliers. Demandez, par exemple, à M. Casimir Leconte ce qu'il pense des chemins de fer égyptiens, ce qu'il sait par expérience du désordre, de l'incurie, de la concussion qui s'y donnent les coudées franches. Il vous dira que le départ d'un train est quelque chose qui n'a de nom dans aucune langue, non plus que les mille épisodes du trajet. Tous les épisodes qu'il raconte sont plus curieux les uns que les autres : nous n'en citerons qu'un seul, et nous laisserons parler l'auteur : « J'étais dans le train qui allait du Caire à Alexandrie. Tout à coup, ce train se ralentit, puis s'arrête, non sans avoir parcouru un assez grand espace de terrain. Comme nous étions entre deux stations fort distantes l'une de l'autre, chacun mit sa tête à la portière, craignant qu'il ne fût arrivé un accident à la machine; il n'en était rien toutefois, et le train prit doucement une marche rétrograde jusqu'à un point assez éloigné, puis revint sur ses pas et continua sa course dans la direction normale. On se perdait en suppositions sur cet événement sans cause apparente, lorsque, à l'arrivée à la station, on reçut une explication toute simple et dont personne n'eut à s'étonner : un des chauffeurs avait laissé tomber sa casquette sur la voie; le chef du train, bienveillant pour son subordonné, lui avait donné les moyens de la ravoir; qu'y avait-il là d'extraordinaire, et qu'était-ce qu'une demi-heure de retard pour les deux ou trois cents personnes qui étaient dans le train? » Malgré l'étonnement que lui cause un pareil état de choses, notre voyageur, avec un sentiment de courtoisie qui l'honore, croit pouvoir en accuser les traditions, les habitudes vicieuses plutôt que les hommes. Sans méconnaître les progrès que la prospérité générale a faits en Égypte, sans nier la probabilité de progrès plus grands encore, et sans contester d'une manière absolue ni la bonne foi des gouvernements ni l'intelligence des gouvernés, il s'attache à tirer de la situation qu'il décrit une conclusion qui doit frapper tous les esprits par son évidence; cette conclusion, c'est que l'avenir de la grande entreprise qui s'exécute avec les capitaux et sous les auspices de la France est tout entier dans les mains qui l'ont commencée; c'est que l'on ne pourrait, sans péril pour l'achèvement de l'œuvre, en retirer la direction totale ou partielle à l'initiative européenne pour la livrer à tous les caprices, à l'inertie, aux défaillances de l'administration locale. On voit que l'épisode du chauffeur et de sa casquette perdue n'est pas un hors-d'œuvre.

Mais venons au fait. En partant de Zagazig, où il s'embarque sur le canal d'eau douce, notre voyageur arrive en quelques heures au point central de l'isthme, à la ville nouvelle d'Ismaïlia, la capitale future du désert, fondée par la Compagnie sur les bords du lac Timsah, quartier général des travaux en cours d'exécution sur la ligne du canal maritime. Il est vivement frappé du spectacle qui s'offre à ses yeux, et la première impression qu'il en éprouve est décisive. « Il y a mieux ici que le progrès, dit M. Casimir Leconte, il y a toute une création. Aucune donnée n'existait antérieurement; il y avait au contraire de graves discussions, de graves divergences d'appréciations sur tous les éléments de ce redoutable problème. On n'a pas pu procéder, comme dans d'autres travaux d'utilité publique, où de nombreux essais avaient été faits, où des précédents pouvaient servir de guide, où des ressources de toute nature étaient ce qu'on appelle à pied d'œuvre. Il a fallu, d'un seul élan, aborder toutes les difficultés du travail scientifique ou manuel de l'alimentation, de l'abri, de l'hygiène, de la médication à grande distance, sous un climat inconnu, dans un pays dénué de tout, et où les traditions antiques étaient complétement effacées. » Pour un voyageur européen, pour un observateur sérieux qui comprend et qui apprécie les idées et les aspirations de notre siècle, quel spectacle que celui de cette ville naissante qui sort du désert à la voix de l'industrie dirigée par la science!

« Ismaïlia, c'est le point d'où rayonnent les ordres, où arrivent les rapports, où aboutissent les fils conducteurs! Les rues s'alignent, deux belles places servant de promenades sont entourées de maisons fort simples, mais commodes et bien entendues pour le climat : ces rues, ces maisons en attendent d'autres qui feront d'Ismaïlia une ville dont l'importance se réglera sur celles des transactions de toute nature que provoquera l'ouverture du canal maritime. Des entrepôts particuliers se forment, des boutiques s'ouvrent, des auberges, des cafés s'établissent, tout cet ensemble prend aujourd'hui un caractère très-accusé d'activité commerciale et industrielle. La population est déjà de deux mille cinq cents âmes, et les dispositions se prennent pour que toutes les exigences du commerce et de la navigation y trouvent une satisfaction légitime. »

D'Ismaïlia, M. Casimir Leconte poursuit avec le même entrain son voyage d'exploration aux deux points extrêmes de l'isthme, Port-Saïd et Suez. Port-Saïd est, comme Ismaïlia, une ville nouvelle qui s'élève, non loin de l'emplacement occupé par l'antique Péluse, et qui deviendra le port du canal maritime sur la Méditerranée. Le canal maritime n'est pas encore creusé jusqu'à Suez; mais le canal d'eau douce, dont la seconde branche y débouche depuis l'année dernière, va porter la vie, le bien-être et la fécondité sur ce sol éternellement altéré. Bref, après avoir passé quinze jours à visiter les différentes lignes de travaux, M. Casimir Leconte retournait à Paris complétement édifié sur la question qui a été l'objet de son investigation attentive et consciencieuse. Ici son accent touche à l'enthousiasme : «Je suis arrivé dans l'isthme avec l'espérance, une espérance mêlée de bien des craintes, il faut le dire ; eh bien! j'en reviens avec la foi, et j'ajoute, certain de ne pas être démenti, que l'effet produit sur moi l'a été sur toutes les personnes que j'ai rencontrées sur les lieux. Je n'hésite donc plus à le dire : Oui, le canal de Suez se fera, et il se fera à l'honneur de la France. »

Prenons acte, en toute confiance, de la promesse que nous fait M. Casimir Leconte avec les prospectus officiels, en annonçant que le canal de Suez sera complétement achevé dans trois ans. Ainsi, dans trois ans, les générations contemporaines ont l'espérance de voir les navires de toutes les nations fendre les flots de ce bosphore artificiel, où vont se réunir et se confondre les eaux de la mer Méditerranée et de la mer Rouge. Mais déjà le moment approche où les touristes de tous les pays, à commencer par les Anglais eux-mêmes, vont s'élancer sur les traces de M. Casimir Leconte pour aller visiter en Égypte une autre merveille que les Pyramides, cette huitième merveille qui s'appelle le canal de Suez. Ils pourront se donner la satisfaction philosophique de comparer les monuments que la vanité des anciens Pharaons a laborieusement dressés sur le sable du désert avec le monument que le génie de la civilisation moderne élève au commerce universel, à la paix, au progrès, à la prospérité générale, à l'union de l'Occident et de l'Orient. Tous ceux à qui viendra l'idée de s'embarquer pour cette expédition d'Égypte feront bien d'emporter dans leur malle de voyage un exemplaire de la *Promenade dans l'isthme de Suez.*

L. ALLOURY.

Imprimerie RENOU et MAULDE, rue de Rivoli, 144.